卡通地质
KATONG DIZHI

吴年文　邱啸飞　王江立　编著
李仰春　王成刚　赵　龙

中国地质大学出版社
ZHONGGUO DIZHI DAXUE CHUBANSHE

图书在版编目(CIP)数据

卡通地质/吴年文等编著. —武汉:中国地质大学出版社,2021.3
ISBN 978-7-5625-4982-6

Ⅰ.①卡…
Ⅱ.①吴…
Ⅲ.①地质学-青少年读物
Ⅳ.①P5-49

中国版本图书馆CIP数据核字(2021)第036900号

卡通地质	吴年文　邱啸飞　王江立 李仰春　王成刚　赵　龙	编著

责任编辑:王凤林	责任校对:张咏梅
出版发行:中国地质大学出版社(武汉市洪山区鲁磨路388号)	邮政编码:430074
电　　话:(027)67883511　　传　真:(027)67883580	E-mail:cbb@cug.edu.cn
经　　销:全国新华书店	http://cugp.cug.edu.cn
开本:787毫米×960毫米　1/16	字数:75千字　印张:2.75
版次:2021年3月第1版	印次:2021年3月第1次印刷
印刷:湖北睿智印务有限公司	
ISBN 978-7-5625-4982-6	定价:26.00元

如有印装质量问题请与印刷厂联系调换

写在前面的话

　　人类与地球跟浩瀚的宇宙相比都只不过是大小不一的生命尘埃。随着人类认识和科技发展，我们的认知也从地球扩展到了浩瀚无际的宇宙，在探索的过程中，生命的起源和演变、资源利用、环境和人类的协同变化始终是人类关注的话题。

　　本画册主要包含地球位置、地球圈层、地质变迁、生命起源、地貌奇观、地质用途、绿色地球7个板块，旨在通过图片和文字的形式，用通俗易懂的语言解读我们赖以生存的地球及其内外演变，进而倡导大家保护我们的绿色地球。

　　感谢武汉地质调查中心杨晓君、王保忠、张彦鹏、程顺波、刘浩老师，成都地质调查中心刘宇平老师，西安地质调查中心李智佩老师、杨斌及向宇同学提供的照片素材。

目录 MULU

一、地球位置 / 01

二、地球圈层 / 02

三、地质变迁 / 03

四、生命起源 / 04

五、地貌奇观 / 14

六、地质用途 / 30

七、绿色地球 / 36

一、地球位置

太阳系有八大行星,按距离太阳远近依次为水星、金星、地球、火星、木星、土星、天王星、海王星,地球排在第三,也是太阳系中直径、质量和密度最大的类地行星,距离太阳1.5亿千米。地球自西向东自转,同时围绕太阳公转。地球大约有46亿岁了,它有一个天然卫星——月球,二者组成一个天体系统——地月系。

太阳系行星位置示意图
图片来源于 www.ttufo.com

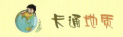

二、地球圈层
DIQIUQUANCENG

　　地球圈层结构分为地球外部圈层和地球内部圈层两部分。地球外部圈层可进一步划分为大气圈、水圈、生物圈；地球内部圈层可划分为地壳、地幔和地核。地壳和上地幔顶部由坚硬的岩石组成，合称岩石圈，大气圈和生物圈相互渗透且内在联系，界限重叠在一起。

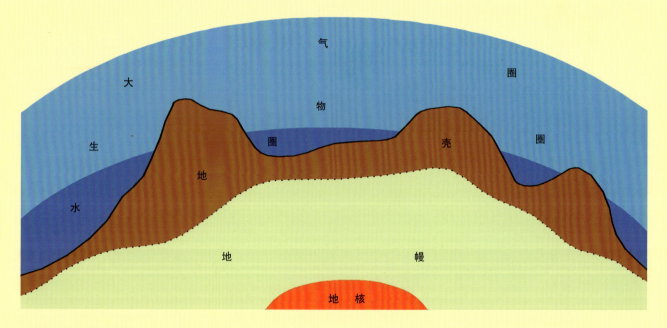

地球圈层结构示意图

三、地质变迁

地质变迁是地球通过外力地质作用和内力地质作用塑造地貌的一种过程。地球内力地质作用使地表形成高低起伏的地貌,而地球外力地质作用(冲刷、搬运等)又破坏了这种地貌,形成平原、沟谷等地貌。

沉积岩、岩浆岩和变质岩三大类岩石具有不同的形成条件与环境,随着地质作用的进行不断地发生变化。沉积岩和岩浆岩可以通过变质作用形成变质岩。在地表,岩浆岩和变质岩又可以通过风化、剥蚀、搬运和沉积而形成沉积岩。变质岩和沉积岩进入地下后,又会发生熔融形成岩浆,经结晶作用而变成岩浆岩。因此,地球的三大岩类处于不断的动态演化过程之中。

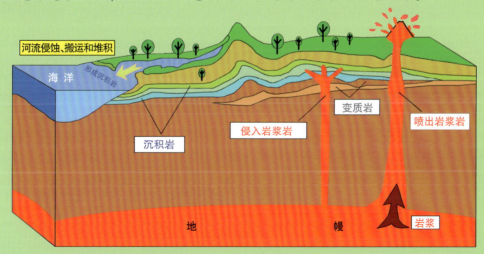

三大类岩石动态转化示意图

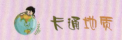

四、生命起源
SHENGMINGQIYUAN

地球起源于原始太阳星云,形成于大约46亿年以前。最初地球是一颗熔融的液态球体,经过漫长的冷却和分异,初步形成原始的地球雏形。

前南华纪（距今46亿～7.8亿年）

前南华纪早期,地球上火山活动频繁。当时地球上没有岩石,也没有生命,到处都是奔腾的岩浆。但早期天体碰撞带来的水汽及地球自身冷却脱气形成的表层环境为生命的起源孕育了条件。

前南华纪早期"动荡"的地球环境模拟图　图片来源于自媒体平台"网易号"

四、生命起源

前南华纪中—晚期地球环境模拟图
图片来源于www.sohu.com

前南华纪中—晚期，地壳稳定存在并保留，以甲烷为主的还原性气体转变为富氧的大气，为生命的起源提供了化学基础。随着演变进程，细菌和叠层石生物开始出现，该阶段是生物演化的初级阶段。

05

南华纪 （距今7.8亿～6.35亿年）

南华纪又叫"成冰纪"，当时地球处于一种寒冷的"雪球"状态，受冰期寒冷气候条件的控制，生物演化、发育处于低潮，生物面貌单调，主要由微体生物和宏观藻类组成。

埃迪卡拉纪 （距今6.35亿～5.4亿年）

埃迪卡拉纪藻类和细菌开始繁盛，在澳大利亚中南部首先发现软体无壳动物化石，并命名为埃迪卡拉生物群。该时期是原核生物向真核生物演化、单细胞原生动物向多细胞后生动物演化的重要阶段。

寒武纪 （距今5.4亿～4.85亿年）

地球上发生了一件史诗级别的生物演化大事件——"寒武纪大爆发"，各种类别的动物不约而同地迅速出现。节肢、腕足、蠕形、海绵、脊索动物等一系列与现代动物形态基本相同的动物在地球

四、生命起源

上来了个"集体亮相"。加拿大布尔吉斯页岩生物群、中国云南澄江生物群及中国清江生物群的发现,呈现出寒武纪生物的辉煌历史,为寒武纪地质历史时期的生命大爆发提供了证据。

寒武纪清江生物群模拟图
图片来源于人民网(西北大学供稿)

奥陶纪 （距今4.85亿～4.43亿年）

奥陶纪气候温和，浅海广布，世界许多地区都被海水掩盖，海生生物空前发展，化石以三叶虫、笔石、腕足类、棘皮动物、鹦鹉螺类最常见，苔藓虫、牙形石、珊瑚、海百合、介形虫和苔藓动物等也很多。奥陶纪是海生无脊椎动物真正达到繁盛和分异的时期。

志留纪 （距今4.43亿～4.19亿年）

志留纪时期，繁盛一时的三叶虫逐渐衰退，笔石继续保持繁盛，该时期发生剧烈的造山运动，海域面积减少，陆地面积增大，植物登陆成功。在海洋中也出现了有颌骨的鱼类——棘鱼类，伴随着陆生植物的发展，志留纪晚期还出现了最早的昆虫和蛛形类节肢动物。

泥盆纪 （距今4.19亿～3.59亿年）

泥盆纪时期，地球上许多海面暴露成为陆地，陆生蕨类植物繁盛，脊椎动物进入飞跃发展时期，昆虫和两栖类兴起，鱼形动物数量和种类增多，因此常被称为"鱼类时代"。泥盆纪是生物由海洋向陆地大规模进军的生物演化时期。

石炭纪 （距今3.59亿～2.99亿年）

石炭纪气候温暖湿润、沼泽遍布、植物繁盛、森林遍布。当时大气含氧量很高，虫子长得特别大，具代表性的有巨型蜘蛛、巨型蜻蜓等，因此，石炭纪又叫"巨虫时代"，该时期在地质历史中也是重要的成煤期。

巨型蜻蜓模拟图
图片来源于"百家号"

二叠纪 （距今2.99亿～2.52亿年）

二叠纪裸蕨植物开始衰退，真蕨和种子蕨非常繁茂，爬行动物首次出现并大量繁盛，地理分异影响了生物演变和发展，造成了植物和动物具有区域性特征。二叠纪末发生了生物灭绝事件，造成了90%～95%的海洋生物灭绝。

三叠纪 (距今2.52亿~2.01亿年)

三叠纪时期,陆地爬行动物比二叠纪有了明显的发展,裸子植物成了陆地植物真正的统治者。三叠纪晚期,恐龙开始出现并发展。

侏罗纪 (距今2.01亿~1.45亿年)

侏罗纪是爬行动物鼎盛的时期,陆上有身体笨重的迷惑龙、梁龙、腕龙等,水中有庞大的鱼龙,空中有飞翔的翼龙。各类爬行动物济济一堂,构成一个千姿百态的"龙"的世界,恐龙则成了地球的主宰。

恐龙生活场景模拟图　图片来源于http://k.sina.com.cn/

白垩纪 (距今1.45亿~0.66亿年)

　　这个时期,许多大型的恐龙和一些蛇类以及小型的哺乳动物开始出现,被子植物开始繁衍。白垩纪前期恐龙依然占有优势地位,但是出现了更多的类型,比如长着头盾的角龙家族、披着骨片的甲龙类、脑壳很厚的肿头龙类、扁嘴巴的鸭嘴龙类,还有更巨型的巨龙类等。白垩纪晚期,发生恐龙大灭绝,并且当时世界上70%的物种瞬间消失了。

恐龙灭绝模拟场景图
图片来源于"企鹅号 探索未解之秘"

新生代 (距今0.66亿年至今)

新生代包括古新世、始新世、渐新世、中新世、上新世、更新世、全新世7个时期,当时地壳稳定,气候温暖,生存环境优良。新生代是哺乳动物时代,出现了大型的剑齿虎、猛犸象等生物,生物面貌复杂多样,而人类的出现与进化则更是该时期最重要的事件之一。

地球历史与生命演化简图
图片由武汉地质调查中心王保忠绘制

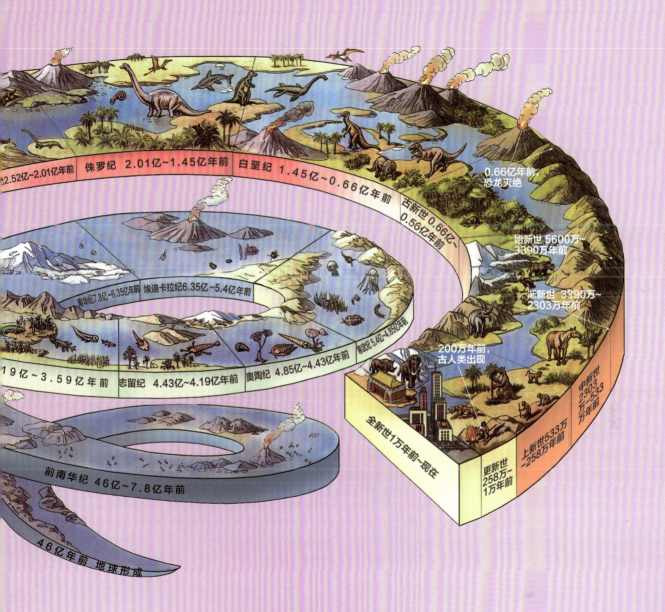

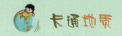

五、地貌奇观
DIMAOQIGUAN

河流侵蚀地貌

由于河床底部的岩石软硬程度不一致,被河水冲击侵蚀,形成陡坎,进而形成瀑布,著名的有壶口瀑布。

壶口瀑布
西安地质调查中心李智佩拍摄

丹霞地貌

丹霞地貌指发育于白垩纪红色砂砾岩地层中,因流水侵蚀、溶蚀、重力崩塌作用形成的赤壁丹崖及方山、石墙、石峰、石柱、嶂谷、石巷、岩穴等造型地貌,著名的有广东丹霞山、甘肃张掖丹霞地貌。

广东丹霞山丹霞地貌
图片来源于 www.hwjyw.com

甘肃张掖丹霞地貌　图片来源于 www.sohu.com

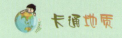

岩溶地貌（喀斯特地貌）

岩溶地貌指具有溶蚀力的水对可溶性岩石（碳酸盐岩类）发生溶蚀等作用所形成各类地表和地下形态的总称。典型的岩溶地貌景观有岩溶瀑布（广西德天大瀑布）、名山石（桂林象鼻山）、钙华堆积（云南香格里拉白水台、九寨沟黄龙寺）、峰林峰丛（桂林阳朔峰林）、石林（湖南古丈红石林、云南路南石林）、石柱林（湖北清江石柱林）、天生桥（广西布柳河天生桥）、岩溶峡谷（清江大峡谷、太行山大峡谷）、岩溶湿地（湖泊水库）（桂林西塘湿地）、岩溶泉水（济南趵突泉）、岩溶洞穴（贵州织金洞、北京石花洞）、岩溶天坑（群）（重庆奉节小寨天坑）等。

广西德天大瀑布
武汉地质调查中心拍摄

五、地貌奇观

桂林象鼻山
武汉地质调查中心拍摄

云南香格里拉白水台
图片来源于"云南视野"

九寨沟黄龙寺
成都地质调查中心刘宇平拍摄

五、地貌奇观

桂林阳朔峰林
武汉地质调查中心拍摄

湖南古丈红石林
图片转载自"桔灯勘探"

云南路南石林
图片转载自"桔灯勘探"

湖北清江石柱林
图片转载自"桔灯勘探"

五、地貌奇观

广西布柳河天生桥
图片转载自"桔灯勘探"

清江大峡谷

太行山大峡谷
图片转载自"桔灯勘探"

五、地貌奇观

桂林西塘湿地

图片转载自"桔灯勘探"

济南趵突泉

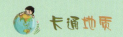

贵州织金洞

北京石花洞
图片来源于www.jianshu.com

重庆奉节小寨天坑
图片转载自"桔灯勘探"

风蚀地貌（雅丹地貌）

　　风蚀地貌指由风和(或)风沙流对土壤表面物质及基岩进行的吹蚀作用和磨蚀作用所形成的地表形态。中国新疆东部十三间房一带和三堡、哈密一线以南的古近系—新近系形成了许多风城，其中著名的四大魔鬼城有乌尔禾魔鬼城、昌吉奇台魔鬼城、哈密五堡魔鬼城和敦煌魔鬼城。

乌尔禾魔鬼城
图片来源于 www.21travel.cn

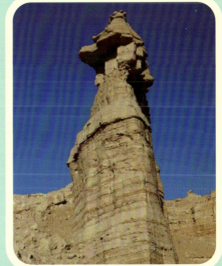

哈密五堡魔鬼城
图片来源于 travel.china.com.cn

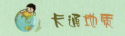

风积地貌

　　风积地貌指被风搬运的物质在某种条件下堆积形成的地貌。沙漠是典型的风积地貌,我国最著名的八大沙漠分别是塔克拉玛干沙漠、古尔班通古特沙漠、巴丹吉林沙漠、腾格里沙漠、乌兰布和沙漠、库布齐沙漠、柴达木盆地沙漠、库木塔格沙漠。

塔克拉玛干沙漠
图片来源于 www.sina.com.cn

腾格里沙漠
图片来源于 www.mafengwo.cn

河流地貌

河流地貌是河流作用于地球表面所形成的各种侵蚀、堆积形态的总称。河流地貌包括沟谷、侵蚀平原等河流侵蚀地貌和冲积平原、三角洲等河流堆积地貌。

曲流河冲积平原
图片来源于http://jinhua.zjol.com.cn/

南宁邕江风景 武汉地质调查中心拍摄

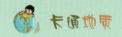

冰川地貌

　　冰川地貌是指在高山和高纬地区,经过寒冻、雪蚀、雪崩、流水等应力共同作用而塑造形成的各种地貌。

冰川地貌景观
图片来源于www.sohu.com

海子山冰川砾石、姊妹冰湖
武汉地质调查中心程顺波、刘浩拍摄

黄土地貌

　　黄土地貌是指发育在第四纪黄土（或黄土状土）地层中，具有多孔隙、垂直节理发育、透水性强、富含碳酸钙、易塌陷等特点，在流水作用、重力崩塌作用和风力吹蚀作用下，形成沟深、坡陡、沟壑纵横、地面支离破碎的各种地貌。

黄土地貌
图片来源于https://m.sohu.com/

六、地质用途
DIZHIYONGTU

液、气态矿产勘探与开采

依据地质勘查理论及技术方法,查明石油和天然气富集区,通过钻采,把原油(气)从地下抽取出来。

石油采油现场
图片由杨斌同学拍摄

六、地质用途

宜昌页岩气2HF井开采现场
武汉地质调查中心拍摄

天然气采气现场
图片由向宇同学拍摄

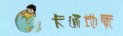

固体矿产勘探与开采

依据地质勘查理论及岩矿测试等手段,查明富集于地表或地下的具有现实经济意义或潜在经济意义的天然矿物或岩石资源,并通过露天或洞采方式挖掘出来。

露天采矿坑
图片来源于新浪微博(陕西耀杰建设集团)

六、地质用途

工程勘探

　　指在工程建设中为满足规划、设计、施工、运营及综合治理等需求,对地形、地质及水文等状况开展测绘和勘探工作,并提供相应成果和资料的活动。

工程钻探缩影
武汉地质调查中心张彦鹏拍摄

环境地质调查

　　环境地质调查是利用科学的方法,有目的、有系统地收集能够反映与组织有关的环境在时间上的变化和空间上的分布状况的信息,为研究环境变化规律,预测未来环境变化趋势,进行组织活动的决策提供依据。例如:水环境调查、矿山评估及尾矿污染调查、土壤评价及调查等。

河水调查取样
武汉地质调查中心张彦鹏拍摄

土壤调查取样
武汉地质调查中心杨晓君拍摄

六、地质用途

地质灾害调查

利用地质勘查、监测及卫星遥感技术,分析和确定地质体的特征、稳定状态和发展趋势,减少人民生命财产损失和对环境的破坏。

四川甘孜G248国道岩崩

图片来源于https://www.cqcb.com/

湖北恩施土家族苗族自治州屯堡乡马者村沙子坝滑坡体

图片来源于www.news.com

七、绿色地球
LÜSEDIQIU

我们一方面追求物质带来的幸福,另一方面又不得不面对全球气候变暖、臭氧层破坏、大气污染和酸雨蔓延、森林锐减、土地荒漠化等生态环境破坏带来的严重后果。自然不是随意盘剥的对象,也不是无止境地汲取的源泉,而是与人类生存和发展息息相关的生命共同体。

人类只有一个地球家园,保护地球,人人有责,从小事做起。建议少开车,去不远的地方尽量骑自行车或者步行;合理节约用水,洗衣服的水可以用来拖地、冲马桶,淘米的水可以用来浇花;严格实施垃圾分类和重复利用,让环境变得更加整洁和美丽;科学利用资源,避免过度开发和利用;积极植树造林,重织地球绿衣……

我们必须认识到,地球的承载力是有限的,只有尊重自然、顺应自然、保护自然,坚持绿色的发展方向,践行绿色的生活方式,我们的子孙后代才能可持续发展。